JN204498

# くらしを変えた日本の技術(ぎじゅつ)

## 未来技術(ぎじゅつ)遺産(いさん)でわかる 1 工業の歩み

監修
独立行政法人 国立科学博物館
産業技術史資料情報センター

## 人のために働く機械

# もくじ

## 2章 人がいなくても商品が買える 自動販売機(はんばいき)・・・・19

機械工業　地域学習(ちいき)



## 3章 仕事やくらしを助ける機械 ロボット・・・・33

機械工業　情報技術(じょうほうぎじゅつ)

# はじめに

今、技術や科学に対する考え方が変わってきています。理論や研究だけが重要なのではなく、産業技術の開発や、製品やシステムなどの形にして世の中を変えたりしていくことが、とても重要であるとみとめられるようになったのです。

国立科学博物館は、1877（明治10）年に設立された、日本でただ一つの国立の総合科学博物館です。地球や生命などの自然史と、人類史、産業技術や科学技術の歴史をテーマとした調査・保存・研究をおこなっています。日本の産業技術は、多くの人たちの夢と努力によって、世界の人びとに大きな影響をあたえてきました。国立科学博物館の産業技術史資料情報センターでは、その産業技術の歴史を未来に役立てるために、①残されている資料を探し、集め、②開発の歴史やできごとを調査してまとめ、③特に重要なものは「重要科学技術史資料（愛称・未来技術遺産）」に登録し、④その情報を公開、発信しています。

技術とは、人が生きていくために必要な技や知識のことです。未来技術遺産を取り上げるこの本で、その仕組みや歴史を知るとともに、人びとの工夫やアイディア、努力や情熱を感じてもらえるとうれしく思います。技術がさらに発展することにより、世界の人びとが調和し、ゆたかな生活をつづけていけるよう願っています。

独立行政法人 国立科学博物館
産業技術史資料情報センター　センター長　鈴木 一義

## ● 未来技術遺産とは……

人間は技術の力を使って、生活する場所を広げ、人口をふやしてきました。平均寿命や健康状態もかつてないほどよいレベルにあります。技術はまた、農業や工業などのさまざまな産業だけではなく、社会をまとめる仕組みなどに対しても広く力を発揮してきました。

国立科学博物館では、科学や産業を進歩させたり、わたしたちの日常生活に大きな影響をあたえたりした日本の技術を記録・保存しています。その中でも、未来の人びとに引きつがなければならない重要な科学技術史の資料を、「未来技術遺産」として2008年から毎年登録しています。

# 1章

## 人のかわりに衣類を洗う

# 洗たく機

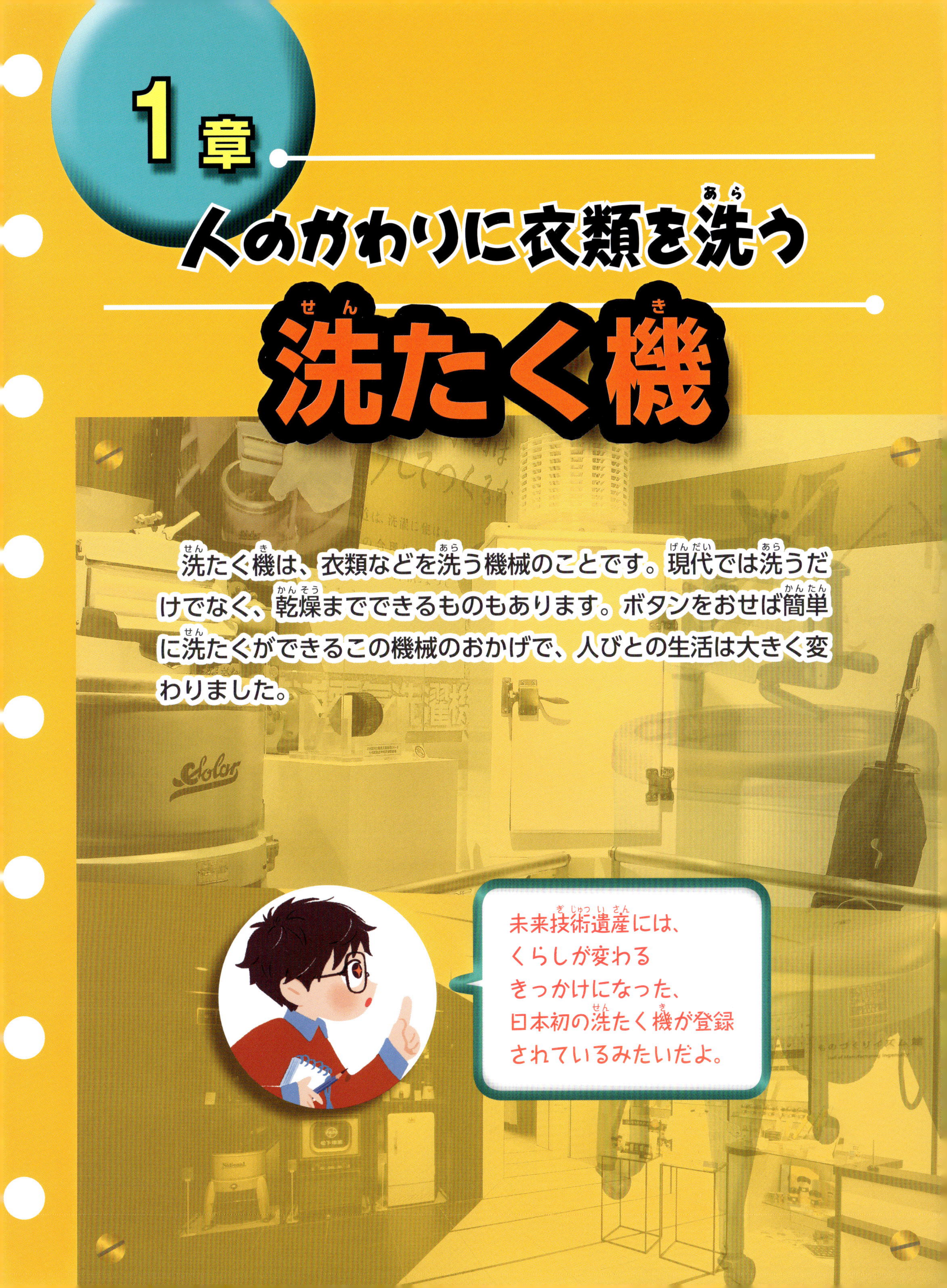

洗たく機は、衣類などを洗う機械のことです。現代では洗うだけでなく、乾燥までできるものもあります。ボタンをおせば簡単に洗たくができるこの機械のおかげで、人びとの生活は大きく変わりました。

# 日本初の電気で動く洗たく機！国産一号かくはん式電気洗たく機

機械工業

昔のくらし

「国産一号かくはん式電気洗たく機」は、日本ではじめてつくられた、電気を使って動く洗たく機です。アメリカ製の洗たく機の技術を取り入れて、1930年につくられました。

## どうして選ばれたの？

### 家事にかかる時間がいっきにへった

それまで、洗たく板とたらいを使って人の手で洗っていた作業を、電気洗たく機がかわりにおこなうことで、洗たくにかかる時間と手間がいっきにへりました。

家事の負担をへらし、その後の生活スタイルを大きく変えていったことから、2011年に未来技術遺産に選ばれました。

**洗たくそう**

水を入れて、衣類を洗うところ。中にある、かくはん翼（プロペラ）が回って水をかきまぜる。

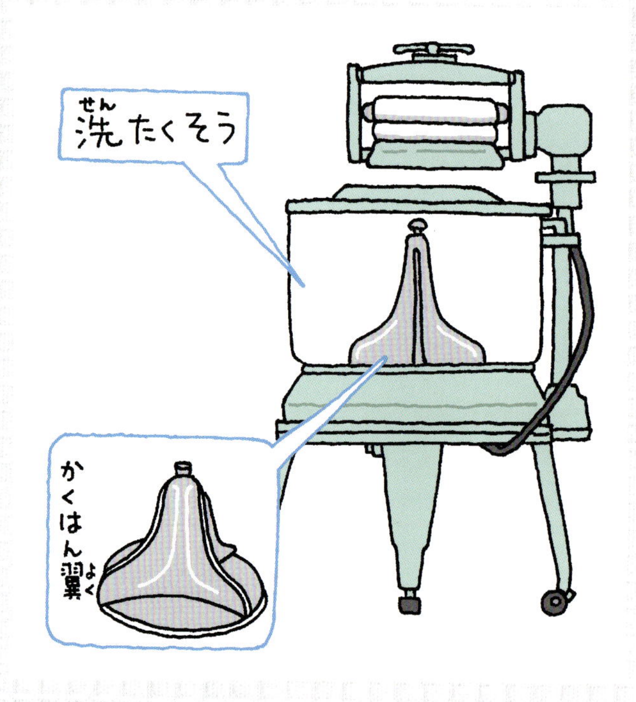

洗たく機が、くらしを楽にしてくれたんだね。

**DATA**

登録番号／第00078号
製作年／1930年
所在地／神奈川県川崎市　東芝未来科学館
高さ／約115cm　重さ／73.5kg
洗たく容量／2.5kg

**しぼり機**

洗った衣類を２本のローラーではさんで水をしぼる。

## 電気を使って、かくはん翼を回す！

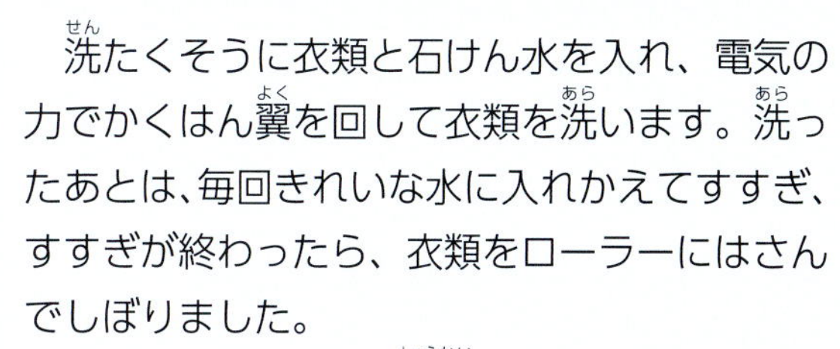

洗たくそうに衣類と石けん水を入れ、電気の力でかくはん翼を回して衣類を洗います。洗ったあとは、毎回きれいな水に入れかえてすすぎ、すすぎが終わったら、衣類をローラーにはさんでしぼりました。

発売時には、商品を紹介するために、60ページもあるパンフレットがつくられ、無料で配られました。

「かくはん」は
「かきまぜる」
という意味だよ。

**電源コード**

コンセントにつないで使う。

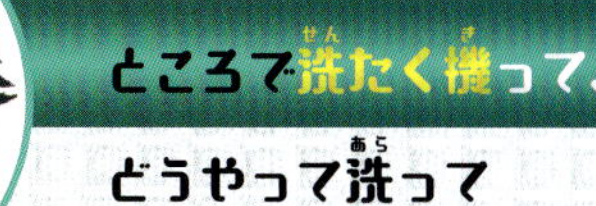


どうやって洗って
いるんだろう？

# 電気洗たく機は、こんな仕組みで動いている！

## そもそも洗たくって、何をしているの？

洗たくとは、よごれた衣類などを水の中でもんだり、たたいたりすることによって、服のせんいからよごれをうきやすくし、よごれを落とすことです。水だけで落ちない場合には、洗剤や石けんを使います。また、よごれを落としたあとはよごれた水をすて、きれいな水で洗いなおし（すすぎ）、服をしぼって水気をぬき、（脱水）、衣類をほして乾かします（乾燥）。この一連の作業が洗たくの基本です。

●洗たくの手順

## 洗たく機は、どうやって動いているの？

現在、日本で一般的に普及しているのが、うずまき式の全自動式洗たく機です。ボタン一つで水を入れ、洗い、水をすて、すすぎ、脱水するという作業をすべて自動でおこなうことができます。

基本的な仕組みは、洗たくそうの中に脱水そうが入っている二重構造です。洗いやすすぎのときには、洗たくそうの底にある羽根（パルセータ）を回すことで、うずまき（水流）をつくり、衣類のよごれを落とします。

脱水のときは、内側の脱水そうを高速で回して、そのいきおいで水分をとばしています。この脱水そうや羽根は、モーターによって高速で回転しています。

●一般的な、うずまき式全自動式洗たく機の仕組み

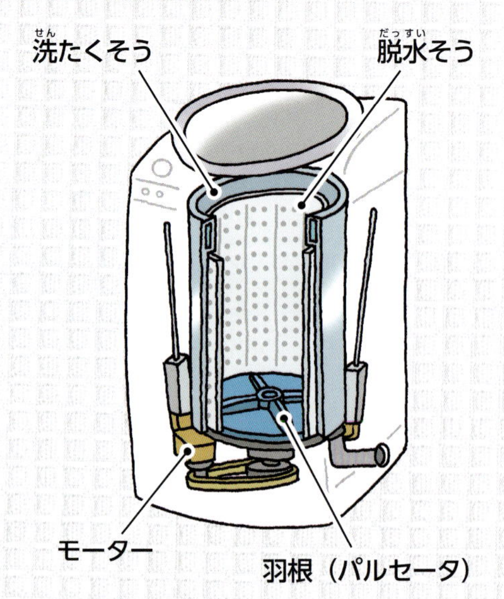

## 洗たく機には、どんな形があるの？

洗たく機には、一度にたくさんのものを洗える「かくはん式」、どろなどのよごれを落としやすい「うずまき式」、少ない水で洗うことができる「ドラム式」などがあります。

それぞれの形のちがいから、アメリカではかくはん式、日本ではうずまき式、ヨーロッパではドラム式が主流となっています。

●主な洗たく形式

| かくはん式 | うずまき式 | ドラム式 |
| --- | --- | --- |
|  |  |  |
| 中央が高くなったかくはん翼で、水をかき回す。日本初の電気洗たく機はこの形式。 | 底の羽根で水流をつくって、もみ洗いをする。羽根が横にあるものは「ふん流式」という。 | 洗たくそうを回し、衣類を持ち上げて落とす、たたき洗いをする。 |

## 洗たく機は、どう進化していったの？

日本初の電気洗たく機がうまれて以来、時代とともに、洗たく機は改良され、進化していきました。

洗たくそうだけの一そう式洗たく機の次には、洗たくものを脱水そうに移して脱水ができる、二そう式洗たく機が登場しました。さらに全自動式洗たく機は、洗たくそうと脱水そうが一つになっているため、洗いから脱水までを自動でおこなえるようになりました。現在では洗たくから乾燥まですべておこなえる、洗たく乾燥機の生産台数がふえはじめています。

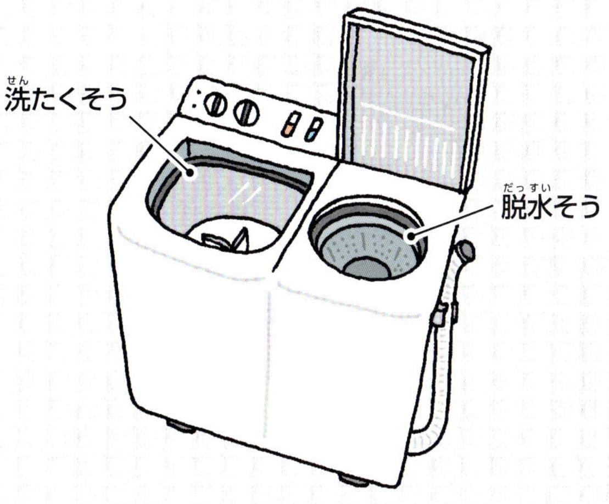

脱水のできる、二そう式洗たく機。

■国産洗たく機の時代ごとの生産台数

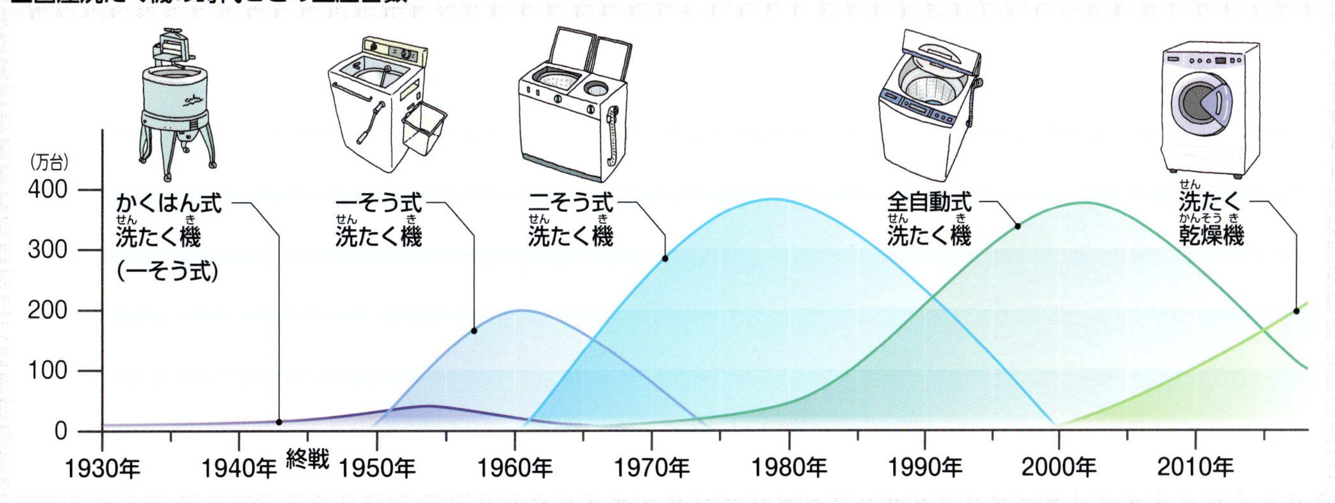


(出典：国立科学博物館 『技術の系統化調査報告書』「洗濯機技術発展の系統化調査（第16集 2011 大西正幸）」p.222)

# 国産一号かくはん式電気洗たく機から生活はこう変わった！

## 一まいずつ、手で洗っていた

たらいと洗たく板を使い、手で洗っていました。たらいに水をはり、衣類に石けんをすりつけて、一まい一まい洗ってすすぎ、しぼるのは大変な仕事です。冬は水が冷たく、しゃがんでする作業は体の負担も大きいものでした。

1930年

## 人のかわりに衣類を洗ってくれるようになった

昭和のはじめ、1930年に「国産一号かくはん式電気洗たく機」が登場しました。この洗たく機２台で庭つきの家が買えるほどねだんが高く、ふつうの家庭で買うことはできませんでしたが、洗たく機があれば洗たくが楽になるという意識が人びとの間に広がっていきました。

## 1953年ごろ
# 洗たく機が一家に一台ある時代に！

1953年にねだんの安い洗たく機が発売され、ふつうの家庭にも広まっていきました。それまで何時間もかかっていた洗たくを機械にまかせられるようになったため、空いた時間を別の家事や仕事、しゅみなどに使えるようになりました。

洗たく機の技術も進歩し、洗ったあとの作業も自動でできるようになっていきます。

# 電気洗たく機がうまれてから現在まで

日本の洗たく機は、どのようにつくられて、現在のように変わっていったのでしょうか。アメリカから輸入し、国内で開発を進めてきた、洗たく機の歴史をふりかえります。

「国産一号かくはん式電気洗たく機」の宣伝用ポスター。このころの洗たく機のねだんはとても高く、ふつうの家庭では買えなかった。

**1900** **1910** **1920**

**明治時代** **大正時代**

**1851年** アメリカで、世界初の手動式洗たく機が発明される

**1906年** 奥山岩太郎が手動式洗たく機を発明

**1908年** アメリカで世界初といわれる電気洗たく機が発売される

**1922年** アメリカの電気洗たく機が輸入され、日本ではじめて発売される

電気式の洗たく機ができる前のアメリカでは、エンジンで動く洗たく機もあったそうだよ。

## 日本の手動式洗たく機

電気で動く洗たく機ができる前、世界や日本では、ハンドルや歯車を使った、手動式洗たく機が発明されていました。

日本でも、明治時代から手動式の洗たく機が発明されているほか、1925（大正14）年には、右のような洗たく機が女性向けの雑誌で紹介されています。

内部が洗たく板のようにでこぼこしている洗たくそうに、衣類、石けん水を入れ、ハンドルを手で回して洗いました。

ハンドルを回して洗たくする、手動式洗たく機。

## お手本になった、アメリカの電気洗たく機

「国産一号かくはん式電気洗たく機」が手本にしたのが、右の電気洗たく機です。1928年にアメリカのハレー・マシン社から輸入されました。会社のブランドでもある、「Thor」という文字が入っています。

「国産一号かくはん式電気洗たく機」はこれとよく似ていますが、日本で製造するにあたって、中のかくはん翼には当時の最新の技術を使いました。

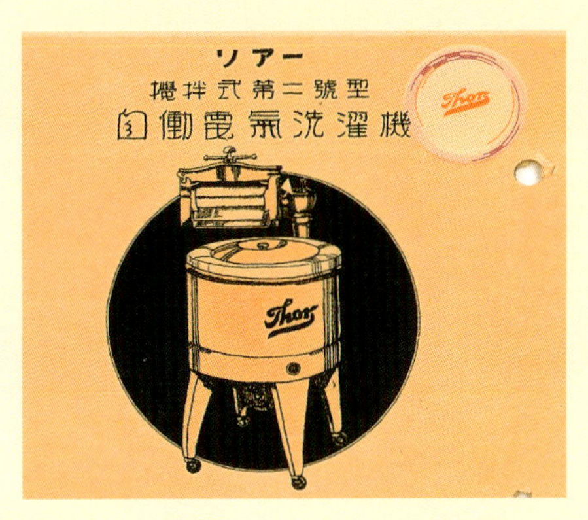

アメリカで開発された、「ソアーかくはん式電気洗たく機」。

1930　1940　1950

昭和時代　太平洋戦争

**1930年**
国産一号かくはん式電気洗たく機が日本でうまれる

**1942年ごろ**
戦争によって、洗たく機の生産が中止される

**1953年**
日本初のうずまき（ふん流）式洗たく機が発売され、ねだんの安さから人びとに広がる

**1953年**
日本初の遠心脱水機が発売される

### ● 遠心脱水で、部屋ぼしができるように ●

洗った衣類を手やしぼり機でしぼっても、どうしても水がたれてしまい、洗たくものは外にしかほせませんでした。しかし、洗たくものをはげしく回して水気を取る、遠心脱水機の登場によって、雨の日でも部屋ぼしができるようになり、乾燥にかかる時間もへりました。はじめは脱水専用でしたが、その後、脱水機と一そう式洗たく機が一体化され、二そう式洗たく機がうまれることになります。

■乾燥にかかる時間（1965年当時の実験）

| しぼり方 | 夏（晴れ） | 春・秋（くもり） | つゆ時 |
|---|---|---|---|
| 遠心脱水（1分間） | 1時間 | 4時間 | 6時間 |
| ローラーしぼり | 2時間 | 8時間 | 13.5時間 |
| 手しぼり | 5時間 | 12時間 | 24時間 |

（出典：国立科学博物館『技術の系統化調査報告書』「洗濯機技術発展の系統化調査（第16集 2011 大西正幸）」p.173）

脱水機がないと、かわくのに一日かかることもあるんだ！

# 三種の神器と普及率

太平洋戦争が終わり、洗たく機の製造も再開されました。1953年にそれまでのねだんの半額ほどになった洗たく機が登場したことで、洗たく機を家に置く家庭がふえていきます。

同じころに広まった「電気冷蔵庫」「白黒テレビ」とともに、洗たく機は「三種の神器」と呼ばれ、人々の生活を大きく変えました。三種の神器が広まっていく1950〜1970年代は、日本経済が急速に成長していく時期で、家電ブームもまき起こります。1958年には30%ほどだった洗たく機の普及率が、1970年には90%まで上がりました。

■電化製品の普及率

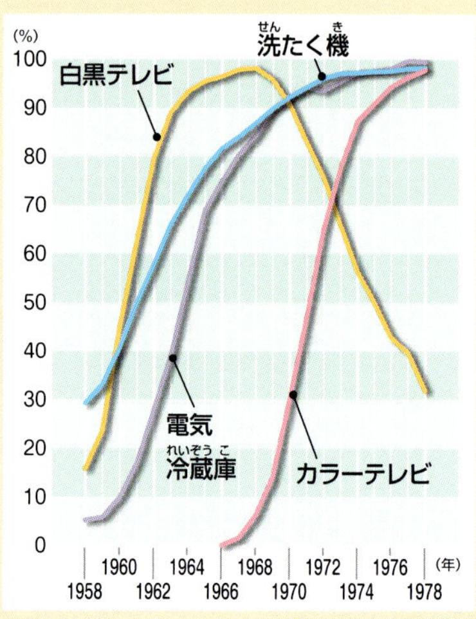


(出典：文部科学省「昭和55年版科学技術白書」)

**1960**　**1970**　**1980**

**昭和時代**

**1956年**
日本初の全自動式洗たく機が発売されるが、売れ行きが悪く、生産中止になる

**1960年**
日本初の二そう式せんたく機が登場する

**1965年ごろ**
二そう式洗たく機が主流になる

**1967年**
はじめて洗たくそうをプラスチックにした洗たく機が発売される

**1980年**
洗たくと脱水を同時に進める二そう式洗たく機が登場

1960年のなかばに、洗たく機が金属からプラスチックに変わり、重さは今までの半分になったよ。

## コンピュータで効率よく洗たくできるように

1970年代からは、電化製品に小さなコンピュータが組みこまれるようになり、洗たく機もこれによって高性能になっていきます。

洗たくものの種類や量、せんいの種類におうじて、効率のよい水の量などを自動で判断して洗たくをおこなうようになりました。

## 「よごれたら洗う」から「着たら洗う」時代に

洗たく機が広まったことで、今まで「よごれたら洗う」だけだった洗たくものが、「着たら洗う」ものへと変わっていきました。よごれの少ない衣類から順に、数回にわけて洗たくする「わけ洗い」という考え方も進みます。

洗たくものの量もふえていったので、それにともなって洗たく機で洗える容量も大きくなっていきます。全自動式洗たく機や、使う水が節約できるものなども登場しました。

洗たく機によって、人びとの考え方まで変わっちゃった！

1990　2000　2010

平成時代

- 1990年　全自動式洗たく機が販売数で二そう式をこえる
- 1997年　日本初のドラム式洗たく乾燥機が登場する
- 2000年　音の静かな洗たく乾燥機が登場する
- 2005年　衣類をいためずに効率よく乾かせる、ヒートポンプ式洗たく乾燥機が登場する

## 売れなかった全自動式

1956年に、洗たくからすすぎ、脱水までを自動でおこなう全自動式洗たく機が日本ではじめて発売されましたが、ねだんが高く音もうるさかったため、人気は出ませんでした。

音をおさえるために洗たくそうのゆれを少なくし、安定して回転できるように改良がつづけられていきます。開発されてから、1990年に全自動式が主流になるまでに、30年以上かかりました。

## 夜も静かに動かせる洗たく機

2000年には、音や振動の出にくい機能がついた洗たく乾燥機が発売されます。

40デシベルという、図書館なみの静かさで洗たく・乾燥ができるため、夜でも音を気にせず使えるようになり、共働きで家事が日中にできない家庭や、マンションに住む人などに受け入れられていきました。

## ほかにもいろいろ！
# 電気洗たく機に関する未来技術遺産

## ふつうの家にも洗たく機がやってきた

### 電気洗たく機　SW-53

SW-53は、日本初のうずまき（ふん流）式洗たく機です。それまでの洗たく機よりも小型で軽く、ねだんも半額くらいだったため、一般の家庭にも洗たく機の利用を広げました。

この洗たく機が発売された1953年は、テレビや電気冷蔵庫、電気炊飯器などのさまざまな電化製品が数多く登場し、広まっていったことから「電化元年」と呼ばれています。

DATA

登録番号／第00149号　製作年／1953年
所 在 地／大阪府大東市　三洋電機

## 現存する、一番古い全自動式洗たく機

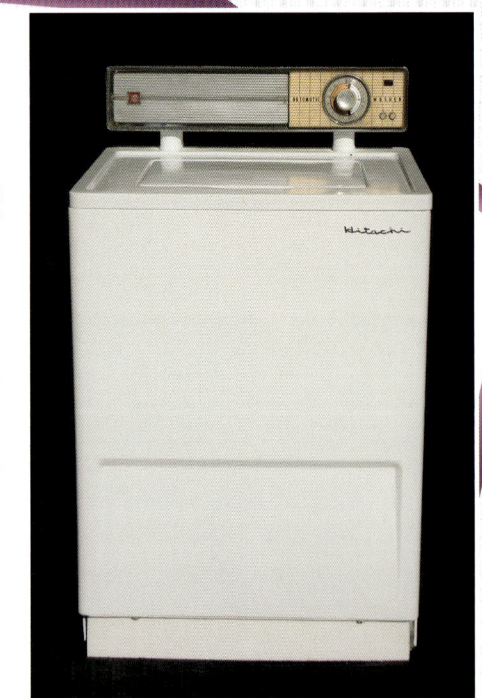


### かくはん式全自動洗たく機　SC-AT1

SC-AT1は、現物が残っている全自動式洗たく機としてはもっとも古く、かくはん式の全自動式洗たく機としては日本初の製品です。当時のうずまき（ふん流）式一そう式洗たく機のねだんが2万円台のとき、SC-AT1は、定価で7万8千円もしました。大学卒の新入社員の初任給が約1万3千円ほどの時代だったので、とても高価なものでした。

DATA

登録番号／第00101号　製作年／1961年
所 在 地／茨城県日立市　日立アプライアンス

# 環境への配りょと、洗う力を両立

## 酵素パワーの「トップ」

「トップ」は、洗剤メーカーのライオンが1979年に発売した、酵素を配合した合成洗剤です。酵素には洗う力を高める働きがあります。

1970年代には、酵素配合洗剤による生活排水の汚染が、環境へ悪い影響をあたえると問題になったため、酵素配合洗剤は販売されなくなっていきました。「トップ」は、環境汚染の原因の一つとされた、リンをへらすことで安全性を確保し、さらに洗う力を高めたことが評価され、未来技術遺産に登録されました。

DATA

登録番号／第00211号
発 売 年／1979年　製作年／1982年
所 在 地／東京都墨田区　ライオン

## 洗たく用洗剤の移り変わり

1950年ごろまで洗たくには石けんが使われていましたが、1950年代には粉末の石けんや、合成洗剤が登場します。どんな素材でも洗える合成洗剤はいっきに広まりますが、環境への悪い影響が問題となり、1980年代から環境に優しく、成分が分解されやすい洗剤や、リンを使わない洗剤が開発されました。

洗う力を高めた洗剤や、服のせんいの中のよごれを分解できる酵素も登場し、必要な洗剤の量は4分の1にへりました。より効率よくよごれを落とすことができる洗剤の開発は、現在もつづいています。

### ●日本の石けん・洗剤の移り変わり

石けんの時代

たらいと洗たく板で、石けんを使って洗たくしていた。

1950年代～ 粉末の石けんが登場

電気洗たく機が広まり、粉末の石けんが使われるようになる。

1960年代～ 合成洗剤が普及

より洗う力の強い、合成洗剤が広まっていく。

1980年代～ 環境に優しい洗剤を開発

環境への影響が少ない洗剤が開発される。

1990年代～ 洗う力の高い洗剤が登場

効率よくよごれを落とせる洗剤や、液体やジェルの洗剤が登場する。

# 洗たく機がもっとわかる！博物館・資料館

洗たく機やそのほかの家庭用の電化製品や、昭和時代のくらしのことなどをくわしく知ることができる施設を紹介します。開館時間や休館日などは、それぞれの施設に問いあわせてください。

## 東芝未来科学館

電機メーカーである、東芝グループの企業ミュージアムです。日本初の電気洗たく機や電気冷蔵庫など、生活にかかせない電化製品が展示されています。科学のおもしろさや先端技術を学ぶことのできる施設です。

住所／〒212-8585
神奈川県川崎市幸区堀川町72-34
スマートコミュニティセンター（ラゾーナ川崎東芝ビル）2F
電話番号／044-549-2200

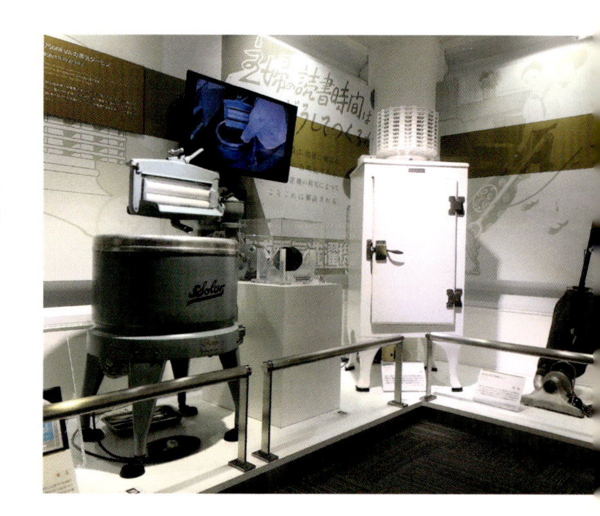

## 昭和日常博物館

昭和時代をテーマとした生活用品や資料を集め、展示している博物館です。昭和時代の生活を記録、保存し、文化財として次の世代へ伝えていこうというねらいがあります。ここでも日本初の電気洗たく機を見ることができます。

住所／〒481-8588
愛知県北名古屋市熊之庄御榊53
電話番号／0568-25-3600

## パナソニックミュージアム

電機メーカーのパナソニックの企業ミュージアムです。創業者や企業の歴史を知ることのできる「松下幸之助歴史館」と、初期の電気洗たく機などのさまざまな電化製品が展示されている「ものづくりイズム館」があります。

住所／〒571-8501
大阪府門真市大字門真1006
電話／06-6906-0106

# 人がいなくても商品が買える 自動販売機

自販機とも呼ばれている自動販売機は、お金やICカードを使って、ほしい商品を買える機械のことです。人のかわりに機械が商品を売っているので、自動販売機のある場所ならば、いつでも商品を買うことができます。

町のあちこちで見かける
自動販売機だけど、
いつごろからこんなに
広まったのかな……

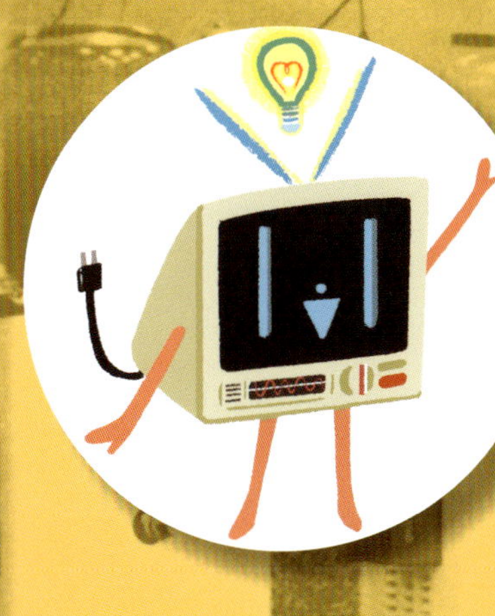

なんと、日本ではじめて
ブームになった
飲みものの自動販売機が
未来技術遺産に
登録されているよ！

機械工業

地域学習

# 日本に自動販売機を広めた！
# ふん水型飲料用自動販売機

飲みものだけでなく、おかしやアイス、新聞などさまざまなものが買える自動販売機。1962年、冷えたジュースがすぐ飲めて、ジュースのふん水が見られる「ふん水型飲料用自動販売機」が大人気となったことが、日本に自動販売機が広まるきっかけでした。

## どうして選ばれたの？

### 冷たい飲みものがその場で飲める！

ふん水型飲料用自動販売機は、飲みものを冷やす機械がついた自動販売機です。そのため、いつでも冷たいジュースを出すことができたのです。

人びとの生活の中に、紙コップという使いすての入れもので、屋外で冷たい飲みものを飲むという新しい文化をうみ出したことにより、2008年に未来技術遺産に選ばれました。

**ディスプレイ用のふん水**

冷たくておいしそうなジュースをふき上げて見せることで、買う人にアピールした。

**カップディスペンサー**

紙コップが入っている。買う人は引きぬいて販売口に置く。

**コイン投入口**

10円玉を入れて飲みものを買う。

**販売口**

カップを置くところ。投入口に10円玉を入れるとジュースが出てくる。

乗車券や食券を売る券売機も、自動販売機の一つだよ。

どう使われたの？

## 紙コップを置いて、お金を入れる

紙コップを手で引きぬいて販売口に置き、コイン投入口に10円玉を入れることで、中の冷たいジュースが紙コップに注がれます。

今ならだれもがわかる使い方ですが、はじめて見た人びとは、使い方がまったくわかりませんでした。そのため、使い方を書いた紙を自動販売機にはったり、自動販売機をつくった会社の社員が横に立って、お金の入れ方などを説明したりしていました。

1957年、お祭りの会場に置かれた、ふん水型飲料用自動販売機のもとになった自動販売機。

DATA

登録番号／第00016号
製作年／1962年
所在地／愛知県豊明市　ホシザキ

飲みものの自動販売機は、いったい、どんな仕組みなんだろう？

# 飲みものの自動販売機は、こんな仕組みで動いている！

簡単だけど、
すごいアイデアね！

## 2200年以上前にあった自動販売機

世界で最初の自動販売機は、紀元前215年ごろに、エジプトの寺院で使われた聖水の自動販売機だといわれています。この自動販売機は、コインを入れると、入れたコインの重さで、一定の量の水が出てくる仕組みです。水を入れるカップは備えつけのものを使いました。

「ふん水型飲料用自動販売機」も同じように、コインを入れると一定の量のジュースを出します。このような種類の自動販売機は、カップに注ぐので「カップ式自動販売機」といいます。

●最古の自動販売機の仕組み

コインを入れると受け皿がかたむいて栓がはずれ、水が出る。コインがすべり落ちてかたむきがもどると、水が止まる。

## カップ式と容器式のちがい

飲みものの自動販売機には、「カップ式自動販売機」のほか、ペットボトルやカンなどにつめられた飲みものを売る「容器式自動販売機」があります。

現在のカップ式自動販売機は、カップに飲みものが注がれる点は同じですが、飲みたい商品のボタンをおすと、機械の中で原料をまぜるなどして飲みものをつくり、商品として出しています。

●現在のカップ式自動販売機

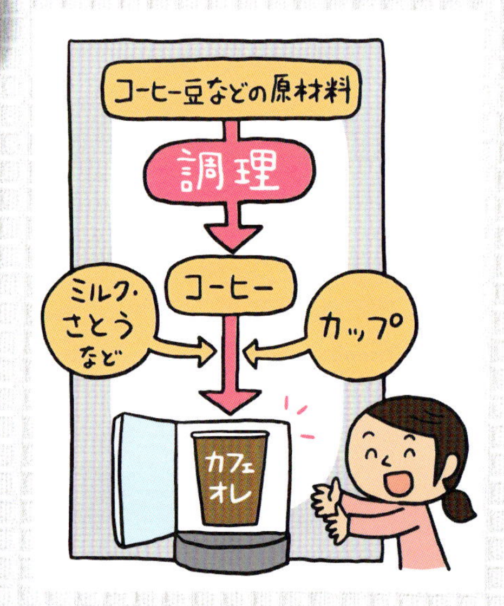


●容器式自動販売機

現在、屋外によく置かれている自動販売機は容器式自動販売機です。一定の温度にたもった商品が中に入っていて、ボタンをおすとすぐに商品を出すことができます。

カップ式自動販売機は飲みものをおいしく安全に出すことが、容器式自動販売機は容器の温度をたもつことや、さまざまな容器の形にあわせて販売することなどが、開発の目標になっています。

## 自動販売機の機能を大公開！

自動販売機は、大きく分けて四つの機能からなりたっています。

**①ボタンや投入口のついたディスプレイ機能**
**②お金をあつかう機能**
**③商品や原料を貯蔵・販売する機能**
**④頭脳となる情報処理機能**

わたしたちが自動販売機で商品を買うときは、①にお金を入れてボタンをおすと、自動販売機は②でお金を読み取り、③から商品を出したり、おつりをもどしたりします。

それぞれの機能は、④の頭脳となる部分につながっており、管理されています。

### ●一般的な容器式自動販売機の仕組み

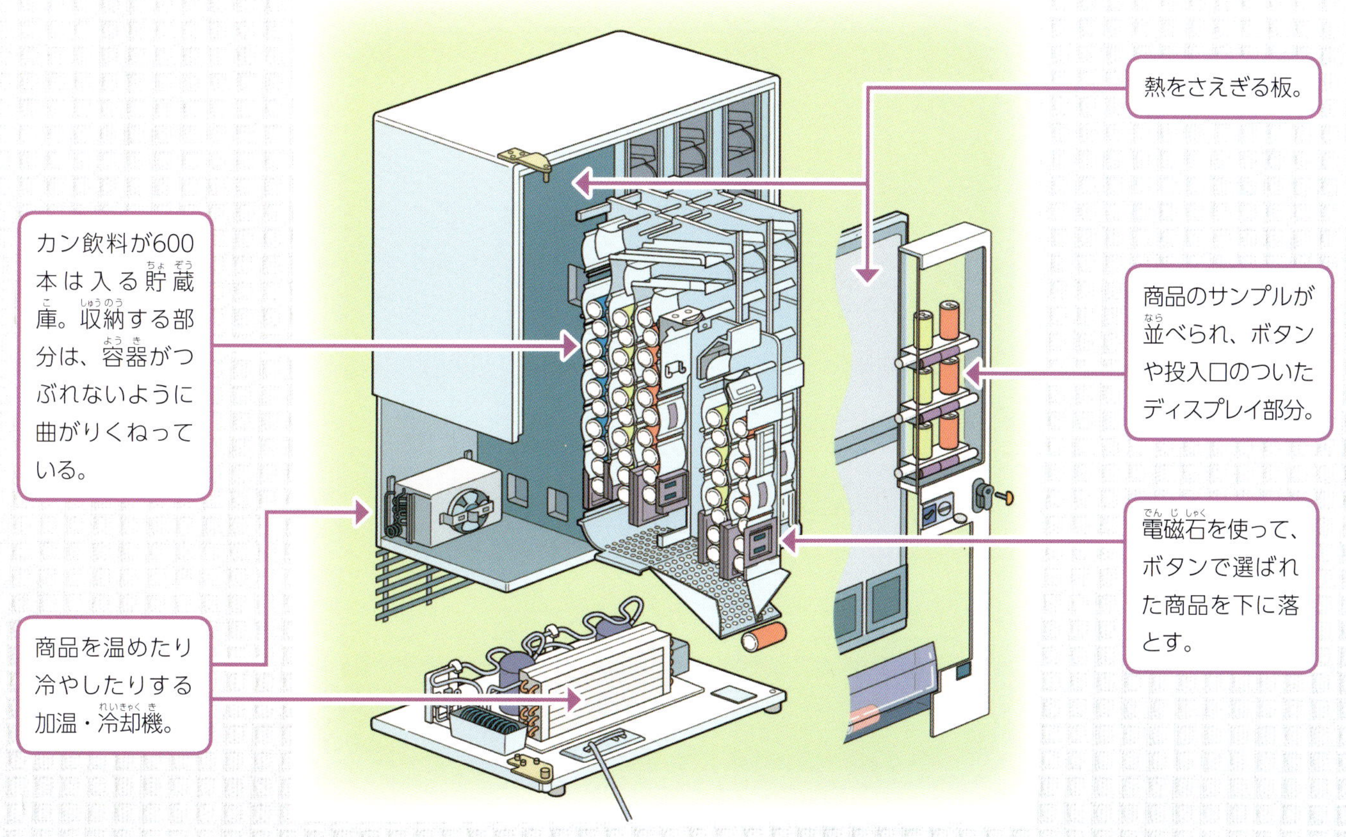


はじめのころの自動販売機は、ほとんどの機能に海外の技術が使われていましたが、日本で自動販売機が広がっていくにつれて、日本独自の機能もふえていきました。

温かい飲みものと冷たい飲みものをいっしょに売ることのできるホット＆コールド自動販売機や、ディスプレイ部分に商品のサンプルを展示する自動販売機は、日本でうまれたものです。

# ふん水型飲料用自動販売機から生活はこう変わった！

1930年ごろ

## 店でしか飲みものを買えなかった

外出先で飲みものを飲むときは、お店の人から直接買うしかありませんでした。店では大きな冷蔵庫や、氷水を利用して飲みものを冷やしていました。お店がしまっている時間には、飲みものを買うことはできませんでした。

1962年

## 屋外でジュースを飲むように

1957年、お祭りの会場に、ジュースを出すカップ式自動販売機が登場し、大人気になりました。これをきっかけに、動物園などの人が集まる場所に、次つぎと置かれていき、1962年に「ふん水型飲料自動販売機」が登場すると、爆発的なブームとなりました。

冷えた飲みものを自動販売機から買えるようになったことで、屋外で飲みものを飲むことがあたりまえになっていきます。

1970年ごろ～

## いつでも、どこでも、おいしく飲める！

容器式自動販売機の登場で、夜中でも飲みものが買えるようになりました。さらに、冷たい飲みものと温かい飲みものを同時に販売できるホット&コールド自動販売機も登場します。いつでも飲みものを買えるようになり、設置台数は大きくふえていきました。

商品やお金の入った自動販売機が屋外にたくさん置かれている日本は、安全で、世界でも治安のよい国だといえます。どこにでもある自動販売機は、災害時に役立つという新たな役割も持つようになりました（→29ページ）。

# 自動販売機がうまれてから現在まで

現在、町のいたる所で目にする自動販売機。実は、飲みもの以外にもユニークな自動販売機があります。その歴史と工夫をふりかえってみましょう。

1904年に俵谷高七がつくった、『自働郵便切手葉書売下機』。

| 1900 | 1910 | 1920 |
|---|---|---|
| 明治時代 | | 大正時代 |

1888年 日本ではじめて、自動販売機の特許が申請される

1904年 日本最古の自動販売機（切手・はがき）がつくられる

1924年 おかしの自動販売機が人気になる

当時のまんがのキャラクターを使った、おかしの自動販売機。

## 日本初期の自動販売機

1888年、日本ではじめて自動販売機の特許が申請されたという記録が残っています。にせもののコインを判別する機能や、商品が売り切れのとき、お金を返す機能が図とともに書かれていますが、実物は残っていません。

1904年に発明家の俵谷高七によって、切手やはがきが買える自動販売機が製作されます。木製で、からくり人形の技術が応用されていましたが、動作が正確ではなく、実際には使用されませんでした。

## 身近な自動販売機が登場

1924年、当時人気のキャラクターがえがかれたおかしの自動販売機が登場し、大人気となりました。

それまでの自動販売機は、こわれやすかったり、置くのに適した場所がなかったりして、あまり活用されていませんでしたが、このおかしの自動販売機は約1000台もつくられ、お店に置かれて多くの人に利用されました。

## ふん水型自動販売機のうみの親・坂本薫俊

ふん水型の飲料用自動販売機をつくった星崎電機（現在のホシザキ）社長・坂本薫俊さんは1955年、見学に行ったアメリカの工場で、ボタンをおすと冷たい水が出てくる冷水機に目がとまりました。「いつか日本でも必要になる」と思った坂本さんは、その冷水機を買い、帰国後に自分たちの手で試作品を完成させました。これをデパートの社長に提案すると、「10円玉を入れてコップ１ぱい分のジュースが出てくるようにできないか」と相談されます。

改良された自動販売機は1957年10月の名古屋まつりに置かれ、大人気となりました。1962年に「ふん水型飲料用自動販売機」を発売すると、3200台を出荷する大ヒット商品となります。

星崎電機社長、坂本薫俊さん。

1930　1940　1950

昭和時代

1957年10月に登場した、飲みものを冷やす機能がついたジュースの自動販売機。

**1953年** 山手線の各駅に鉄道きっぷの自動販売機が置かれる

**1957年** 日本初の飲みものを冷やせるカップ式ジュース自動販売機が登場

**1962年** ふん水型飲料用自動販売機が登場、大人気になる

### きっぷの自動販売機が登場する

飲みものの自動販売機とともに、自動販売機の利用を人びとに広めたのが鉄道のきっぷの券売機です。

日本国有鉄道（現在のＪＲ）は、1953年に山手線の各駅に券売機を置き、1968年には東京と大阪のおもな駅で、一定の距離までのきっぷをすべて券売機で売るようにしました。これによりきっぷを販売する手間が軽くなりました。また、それまで自動販売機を利用してこなかった人にも、自動販売機が身近なものになっていきます。

自動販売機がない時代は、みんながきっぷを駅員さんから買っていたんだ。時間がかかっただろうなぁ。

## 設置台数が大きくふえる

アメリカの飲料メーカー、ザ コカ·コーラ カンパニーが、日本に子会社を設立し、1962年からビン入りの飲みものの自動販売機の設置を進めます。国内でも、海外から技術を取り入れた自動販売機の会社がふえ、1967年から1973年の７年間には、飲みものの自動販売機の台数は毎年大きく増加し、全国へと広がっていきました。

現在の日本では、約427万台の自動販売機が設置されており、その半分以上が飲みものを販売しています。

■飲みものの自動販売機の生産台数

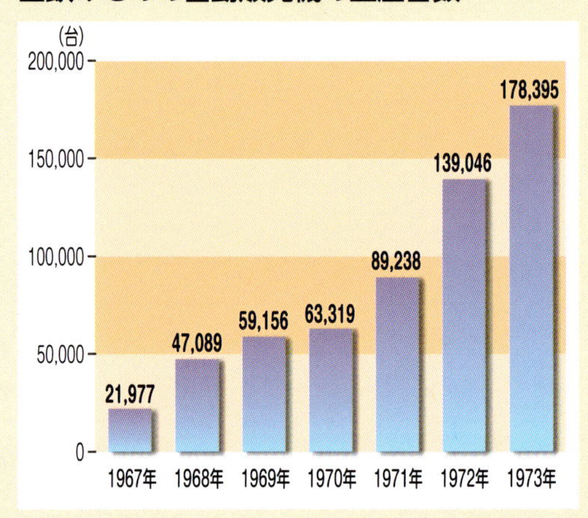


（出典：経済産業省『機械統計』）

# 1960　1970　1980

**昭和時代**

**1962年**
ビンの自動販売機が登場する

**1970年**
カンの自動販売機が登場する

**1971年**
商品のサンプルを並べる自動販売機が登場

**1972年**
ホットとコールドを切りかえられる自動販売機が登場する

**1974年**
ホット&コールド自動販売機が登場する

**1979年**
投入金額の表示器が登場

### 使えるお金の種類がふえる

はじめは10円玉しか使えなかった自動販売機でしたが、1960年代後半から50円玉が使えるようになります。

その後、1967年に新しくなった100円玉や、1982年に発行された500円玉にも対応し、自動販売機はいっそう使いやすくなっていきました。

### あつかう商品の多様化

1962年にビン、1970年にはカン、1997年にはペットボトルなど、取りあつかう商品も広がっていきます。

また、商品の温度管理の技術も進歩し、温かいものと冷たいものを同時に販売するだけでなく、季節によって温度を切りかえることもできるようになります。現在はさらに、常温の20度に温度をたもてる自動販売機も出てきました。

## 環境に優しい自動販売機

自動販売機が広まり、24時間飲みものが買えるようになると、つけっぱなしの照明や、つねに飲みものを温めたり冷やしたりしていることは、電気のむだ使いではないかと問題になりました。そこで、照明の自動調整や、商品の一部だけを冷やす仕組み、装置の熱を効率よく使う仕組み、冷却用の電力を停止しても何時間も商品を冷やしておける仕組みなどが開発され、使用電力を大はばにへらすことに成功しました。また、ソーラーパネルで発電してためた電力を夜間の照明に使う自動販売機も登場しました。

自動販売機は、ものを売るだけではない、新たな取り組みがはじまっているんだね。

**1990** **2000** **2010**

平成時代

- **1993年** ユニバーサルデザインの自動販売機が登場
- **1997年** ペットボトルの自動販売機が登場する
- **2004年** ICカード対応の自動販売機が登場する
- **2005年** 住所表示ステッカーがはられる
- **2010年** タッチパネル式の自動販売機やソーラー自動販売機が登場

ソーラーパネルのついた自動販売機。

## だれにでも使いやすいデザイン

自動販売機は、だれもが使いやすいデザイン（設計）であることが大切です。子どもから大人というだけでなく、体の不自由な人も外国の人も使いやすい、ユニバーサルデザインの自動販売機の開発が進められています。

商品が見やすい高さや位置にあるか、レバーやボタンなどが小さい力でも簡単に操作できるかなど、使う人によりそって考えられた自動販売機がふえています。

## 防災・安全への取り組み

日本中どこにでもある自動販売機には、商品を売るだけでなく、社会に役立つ機能も求められるようになりました。

たとえば通りすがりの人でも現在地がわかるように、住所表示ステッカーがはられているので、事故や事件、災害のときに役立ちます。災害時には、お金がなくても飲みものを取り出せる機能がついている自動販売機もあります。

さらに、AED（自動体外式除細動器）※が備えつけられているものもあります。

※AED（自動体外式除細動器）……心臓に電気ショックをあたえ、正常なリズムにもどすために使う医療機器。

# ほかにもいろいろ！
# 自動販売機に関する未来技術遺産

## 日本に残る、一番古い飲みものの自動販売機

### 酒の自動販売機

日本に残っている中でも一番古いとされる、飲みもののカップ式自動販売機です。大きさは高さ120cm、はば45cmで、外箱は木製です。コインの投入口、お酒の注ぎ口、水の注ぎ口がついており、コインを入れるとぜんまいじかけで動きます。水は容器をすすぐのに使われたようです。

**DATA**

登録番号／第00024号
製 作 年／1889～1910年ごろ
所 在 地／岩手県二戸市　二戸歴史民俗資料館

## 日本に大きく広まった自動販売機

### ボトル自販機　V-63

日本ではじめての、かたむいた「たな」に商品を並べる、ビン用の容器式自動販売機です。お金を入れたら左側のとびらを開け、たて向きに並べられたビンを引きぬいて取り出します。商品を取ると次の商品が、かたむいた「たな」から転がってきて準備されます。

現在の自動販売機の基本となる技術が使われているだけではなく、日本に自動販売機を大きく広めるきっかけにもなりました。

**DATA**

登録番号／第00242号　発売年／1962年
製 作 年／1962～1969年ごろ
所 在 地／東京都港区　コカ･コーラ ボトラーズジャパン

# 国産初！
# コインを見分ける機械

## コインメカニズム　E-9130

自動販売機本体だけでなく、内部のシステムも未来技術遺産に登録されています。

コインメカニズムは、投入されたコインの金額や本物かどうかをたしかめたり、おつりを出したりするための機械です。それまでのものはアメリカから輸入した部品を日本向けに加工・改造していましたが、この機械をきっかけに、やがてすべての部品を日本国内で製造できるようになります。

DATA

登録番号／第00103号　製作年／1967年
所 在 地／埼玉県坂戸市　日本コンラックス

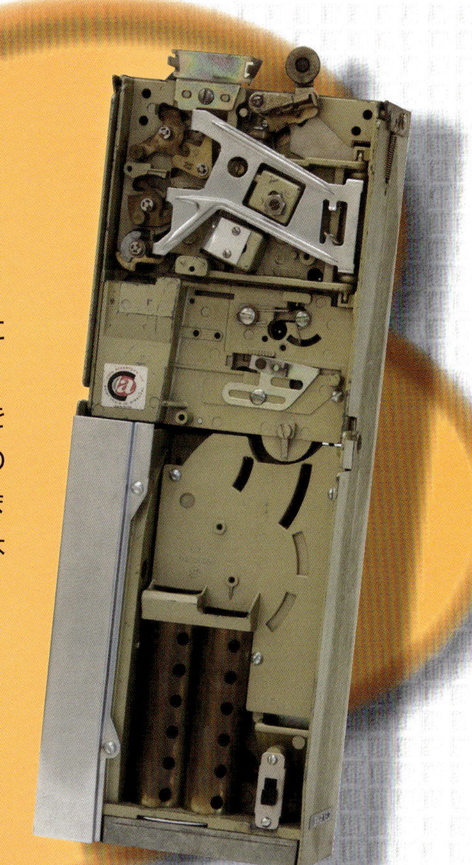

## コインを見分ける仕組み

自動販売機には、投入されたお金が本物か調べ、にせものや変形したお金ははじく機能があり、これを検銭といいます。かつては、お金が機械の中を通るときの動きで、大きさやあつさ、重さ、材質などを調べるという、機械式検銭をおこなっていました。

この方法は、使えるコインの種類がふえるたびに、それと同じ数だけ部品が必要になるため、今ではほとんどの自動販売機で電子式の検銭がおこなわれるようになりました。これは、金属をまいたコイルの間をお金が通るときに発生する電気の量から、大きさ、あつさ、材質を調べ、本物のお金か判別する方法です。

### ●機械式検銭の一つ

投入口より大きいお金は入らず、レールよりも小さいお金ははじかれる。

### ●電子式検銭

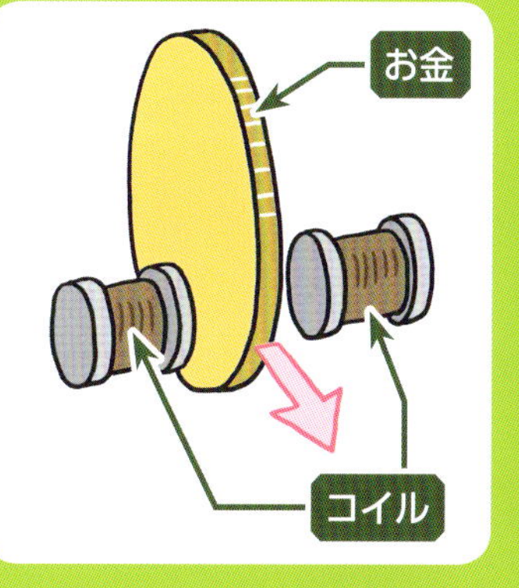


コイルの間をお金が通ると電気が起こる。その電気量の変化でお金を調べる。

# 自動販売機がもっとわかる！工場・資料館

自動販売機や、商品となる飲みものなどを、くわしく知ることのできる工場や施設を紹介します。見学時間や休館日など、くわしくはそれぞれの施設に問いあわせてください。

## サンデンフォレスト・赤城事業所

自動車用の機器や自動販売機を生産している、サンデングループの工場です。団体向けの工場見学では、自動販売機の製造や組み立て、作業の様子を見ることができます。広い森林に囲まれているので、周辺を散歩したり自然とふれあったりするイベントもおこなわれています。

住所／〒371-0201
群馬県前橋市粕川町中之沢7
電話／027-285-3225

## 二戸歴史民俗資料館

岩手県二戸市の歴史や文化、ゆかりの人などを紹介している資料館です。30ページに登場した日本でもっとも古い酒の自動販売機をはじめ、この地方で使われていた昔の生活用具も展示されています。

住所／〒028-6101
岩手県二戸市福岡字長嶺80-1
電話／0195-23-9120

## コカ·コーラ ボトラーズジャパン 京都工場

京都工場では、コカ·コーラの歴史や、カン入りの飲みものが製造される様子を見学することができます。見学ができるコカ·コーラの工場は全国に9か所あるので、家から近い工場を調べてみましょう。

住所／〒613-0036
京都府久世郡久御山町田井新荒見128
電話／0774-43-5522

# 仕事やくらしを助ける機械

# ロボット

ロボットとは、人のかわりに作業をおこなう機械のことです。人間型の機械だけがロボットではありません。工場など産業の現場や、わたしたちの日常生活などのはば広い分野で、さまざまなロボットがかつやくしています。

日本ではじめて
つくられたロボットが
未来技術遺産に、
登録されているよ！

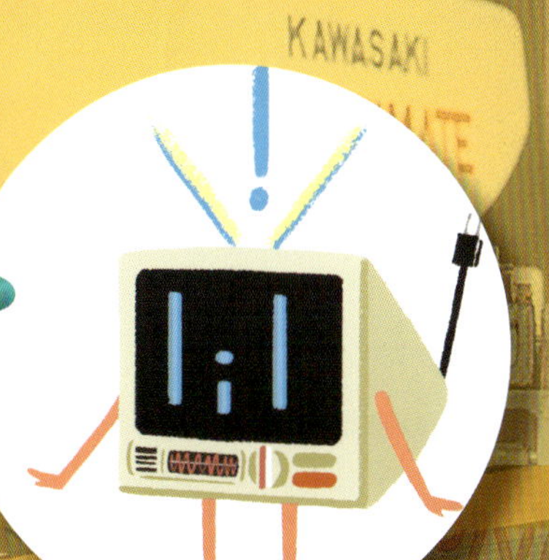

最初のロボットは、
どんな作業を
していたんだろう？

機械工業
情報技術

# 日本初の産業用ロボット！
# 川崎ユニメート2000型

「川崎ユニメート2000型」は、人にかわって工場で働く「産業用ロボット」です。1969年に日本ではじめて開発され、自動車工場で作業をするために使われました。

## どうして選ばれたの？

### 日本のロボット技術はここからはじまった

「川崎ユニメート2000型」は、自動車工場で使われ、火の粉が飛び散るあぶない作業や、力のいるくり返しの作業を、人間にかわっておこないました。

作業をロボットにまかせることで、人はもっと安全で複雑な仕事に集中することができるようになりました。その結果、より多くの商品を生産できるようになり、品質も上がったのです。

「川崎ユニメート2000型」は、日本のロボット産業が成長していくきっかけとなったことから、2010年に未来技術遺産に選ばれました。

**アーム**

日本語で「うで」という意味。左右にも上下にも動き、のびちぢみもする。遠くから広い範囲にとどいて作業をおこなう。

なんと1.6トン！

## DATA

登録番号／第00064号
製作年／1973年
所在地／兵庫県神戸市　カワサキワールド
大きさ／長さ1.6m×はば1.2m×高さ1.3m
価格／1200万円（現在の8000万円ほど）

## どう使われたの？ 金属をとかしてくっつける作業

工場で自動車の車体を溶接しているところ。車の形や種類が変わっても、ロボットへの指示を変えて作業ができます。

自動車の車体をつくるとき、金属をとかしてくっつける「溶接」という作業があります。高温で金属をとかすので火が出ます。１台の車をつくるだけでも、たくさんの人が何回も溶接をしなくてはなりませんでした。

それまでは１台１台、人がおこなっていたこの危険な作業をかわりにおこなうために、「川崎ユニメート2000型」が使われました。

**プロセッサ（コントローラ）**

ロボットの頭脳となるコンピュータ。作業の順番ややり方をおぼえてアームに指示を出す。

液体の油をおし出すときに発生する力を使って動いているよ。この力を「油圧」というよ。

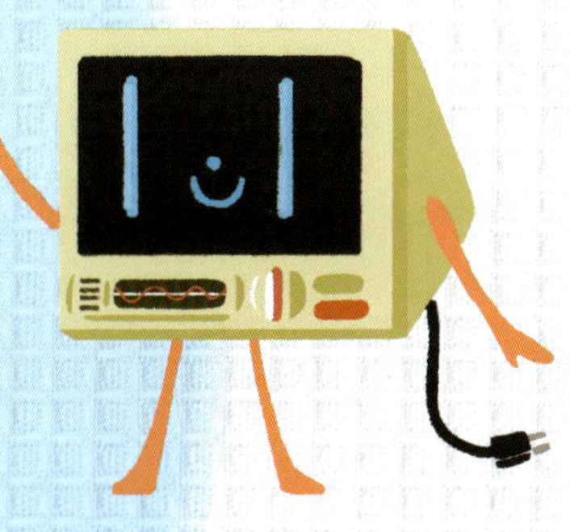

ロボットって、いったいどんな仕組みで動いているんだろう？

# ロボットは、こんな仕組みで動いている！

## 指示をおぼえて動く「操作型ロボット」

人があらかじめ指示を出す

プロセッサ（頭脳）が指示をおぼえる

指示通りにアクチュエータ（手足）を動かす

ロボットには、大きくわけて「操作型」と、「自律型」の二つの種類があります。「川崎ユニメート2000型」のようなロボットは操作型といいます。

ロボットが動くためには、まず、動きの指示を出すデータが必要です。操作型ロボットは、どこで何をすればよいのかという指示を人がプロセッサにおぼえさせ、プロセッサの指示を受けて、手足となるアクチュエータが作業しています。人が指示した通りの動作しかできないので、作業中にトラブルがあった場合などに対応することができません。

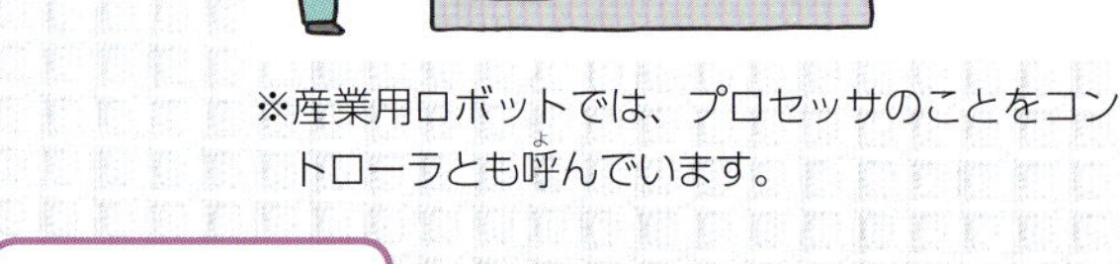

※産業用ロボットでは、プロセッサのことをコントローラとも呼んでいます。

## 様子をとらえて判断して動く「自律型ロボット」

カメラ（目）などのセンサーで様子をとらえる

プロセッサ（頭脳）で判断や指示をおこなう

ロボットの開発が進むと、人が指示した作業のほかにも、自分から周囲の様子をとらえて判断し動くことができるロボットが登場します。これを自律型ロボットといいます。

自律型ロボットには、人の目や耳のような役割をするセンサーが取りつけられています。センサーが光や音、温度、障害物などの情報を受け取ると、プロセッサはその情報をもとにどう動くかを判断し、アクチュエータへ指示を出すのです。

アクチュエータ（手足）を動かす

● 「操作型」と「自律型」のちがい

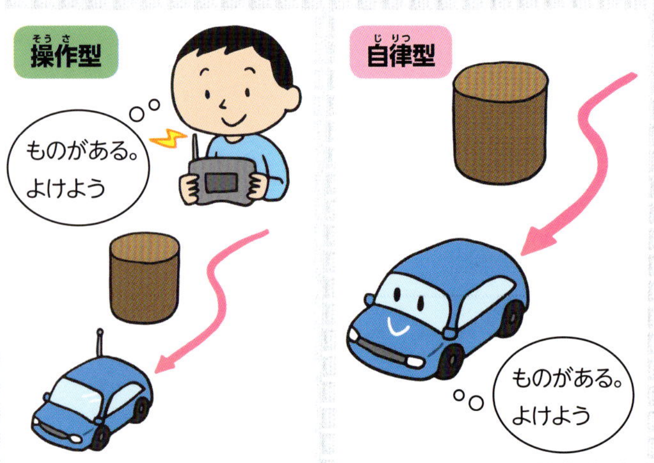


障害物をよけるとき、「操作型」は人が指示を出さなければいけないが、「自律型」は自分で判断して動くことができる。

自律型ロボットは、生きものみたいに動けるんだね。

# ここにもいる！　かつやくするロボット！

現在ロボットは、工場をはじめ、農業、サービス業、災害現場、福祉施設からわたしたちの日常生活まで、あらゆる分野でかつやくしています。

## ●産業用ロボット

おもに工場で働くロボットのことで、組み立てなどのさまざまな作業を人のかわりにおこないます。製品の生産量をふやすだけでなく、事故をふせぐことなどにも役立っています。

製造業の分野では、かかせない存在となっている産業用ロボット。

## ●くらしを便利にするロボット

建設現場、農業、サービス業、福祉施設など、工場以外で働くロボットもいます。人の仕事やくらしを便利にする役割をしています。

ビルや空港などの広い範囲をそうじできる、床面清掃ロボット。

## ●極限作業ロボット

災害現場、宇宙、海底などの、人が近づけないような場所で調査や建設などをおこないます。大きさが1mm以下の超小型ロボットも、この一種です。

災害救助ロボットの「Quince」は、2011年の東日本大震災で被害を受けた原子力発電所の、内部の探査をおこなった。　(写真：千葉工業大学)

## ●人によりそうロボット

動物や人の形をしたロボットなど、人とともにくらすことを目的としたロボットです。あいさつをするなど、いっしょにいたくなるような工夫がされています。

楽しみや安らぎをあたえる、いやしロボットの「PALO」。
(©AIST)

# 川崎ユニメート2000型から生活はこう変わった！

1960年ごろ

## 重労働だった工場の作業

1960年代の日本では、経済が大きく成長し、ものづくりがさかんにおこなわれたことによって、人手不足が大きな問題になっていました。自動車工場での、金属をとかしてくっつけるスポット溶接という作業は、自動車１台につき約4000か所もの作業をくり返す、人手がたくさん必要となる重労働でした。

作業を効率よく進めて自動車の生産をふやすため、自動車産業ではロボットへの期待が高まっていきました。

1970年ごろ

## ロボットが産業をささえる

1969年、「川崎ユニメート2000型」が登場し、ここから産業用ロボットが広まっていきます。はじめは、危険な作業、大きな力のいる作業、くり返しの簡単な作業などを人のかわりにおこなっていましたが、1980年代には、ロボットが製品を組み立て、完成させて出荷までをおこなうシステムもうまれます。

自動車産業だけでなく、電子・電気産業などの分野でも産業用ロボットが利用され、日本のものづくりをささえていきました。

## 現在
## 生活にかかせないロボット技術

産業用ロボットの技術が進歩し、ロボットが状況を判断できるようになりました。自分で「まわりの様子をとらえて、考えて、動く」ことで、さらに効率よく作業できるようになっています。

このロボット技術は、工場で働くロボットだけではなく、身のまわりのさまざまな乗りものや電化製品、銀行のATMやエレベーターなどの設備機械、さらにはインターネットなどの世界にも使われていくようになります。

今ではほとんどの機械の中に、ロボットの機能が使われているのです。

# ロボットがうまれてから現在まで

かつて人びとは、人と同じように働いてくれるロボットにあこがれていました。日本のロボットや技術は、どのようにうまれて発展していったのでしょうか？　その歴史を追ってみましょう。

人手不足だった当時の日本で、「川崎ユニメート2000型」は自動車工場を中心に広まっていった。

1920　1930　1940

大正時代

**1920年**
「ロボット」という言葉がつくられる

**1928年**
日本初のロボット「学天則」が発明される

2008年に復元された「学天則」。

## 「労働」を意味する「ロボット」

「ロボット」という言葉は、チェコスロバキア（現在のチェコ）の作家カレル・チャペックが1920年につくり出しました。

作品の中で、つらい仕事を人のかわりにさせるために開発された人造人間を、「労働」を意味する言葉から「ロボット」と呼んだのです。

## 日本初のロボット

いっぽう日本では、1928年にアジアではじめてのロボットといわれる「学天則」がつくられます。

「学天則」は、ゴムの管や空気の圧力などのからくりで動き、文字を書くような動きをしたり表情を変えたりする、高さ約3mのロボットです。

## ロボットに親しみを感じた日本人

1960年代、アメリカで初の産業用ロボットが発明されますが、自分たちの仕事をうばわれるのではないかと考える人びとの反発が大きく、なかなか工場への導入は進みませんでした。

いっぽう日本では、1950年代以降、ロボットのまんがやアニメが大ヒットしたことなどから、人びとはロボットに親しみを感じるようになります。のちに産業用ロボットが登場すると、好意的に受け入れました。

# 「川崎ユニメート」がうまれるまで

産業用ロボットをはじめてつくったのは、アメリカのユニメーション社です。そしてこの技術をほかの国にも広めようと考えていました。

1967年、その話を聞いた川崎航空機（現在の川崎重工業）は、自分の会社でロボットをつくらせてほしいと願い出ます。産業用ロボットの未来に期待していたからです。川崎航空機はもともと飛行機をつくっていた会社だったので、すぐにはまかせてもらえませんでした。それでも何度もアメリカに出向き、部品をつくるうえでの高い技術もアピールしました。やがてその熱意がみとめられ、ユニメーション社の技術協力のもと、1969年、日本初の働くロボット、「川崎ユニメート2000型」は完成しました。

人を助けるロボットをうみ出したのは、人の熱意だったんだね！

| 1950 | 1960 | 1970 |
|---|---|---|

昭和時代

- **1951年** 手塚治虫のまんが『鉄腕アトム』が登場
- **1962年** アメリカで、世界初の産業用ロボット「ユニメート」がうまれる
- **1969年** 「川崎ユニメート2000型」がうまれる
- **1970年** 世界初、カメラのついたロボットが日本でうまれる
- **1973年** 「川崎ユニメート2000型」が自動車工場にはじめて導入される

## ● 日本に産業用ロボットが広がっていく ●

1969年の「川崎ユニメート2000型」の登場後、日本では産業用ロボットの研究開発が進み、1970年代に入ると生産がさかんになります。低価格で販売できるようになり、機械加工の分野で使われた「FANUC ROBOT MODEL1」、のちに世界的な小型組み立てロボットになる「SCARA試作機」など、新しい技術を備えたロボットが次つぎと登場します。

カメラなどのセンサーのついた自律型ロボットは、このころに登場します。

「FANUC ROBOT MODEL1」（左）と「SCARA試作機」（右）。どちらも未来技術遺産に登録されている。

# ロボット大国の日本

日本のロボット産業は1980年代に急成長するとともに、海外への輸出が進んでいきます。1985年には、世界中で働く産業用ロボットの70パーセント近くが日本製となり、その後も世界中に広がりつづけます。日本は、世界のロボット産業をリードするロボット大国となりました。

最近では中国や韓国のロボット産業が急成長し、アメリカとドイツをあわせた5か国のロボットが、世界で主に働いています。

■世界で働く産業用ロボットの台数

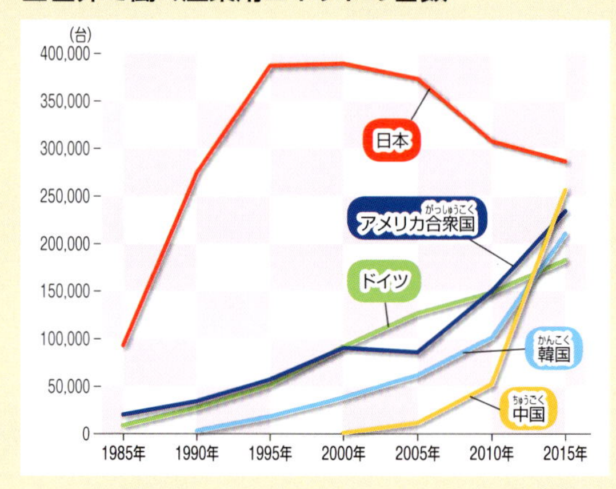


（出典：一般社団法人日本ロボット工業会）

1980

1990

昭和時代

**1977年**
日本初、電気だけで動かせる産業用ロボットが販売される

**1979年**
海底調査用の操作型ロボットが開発される

**1980年代**
ロボット産業が大きく成長する

1995年3月に完成した、深海を調査する無人探査機「かいこう」。

（©JAMSTEC）

**1993年**
救出ロボット「ロボキュー」が開発される

## 電気でアームを動かすように

開発当初の産業用ロボットは、液体を使った圧力で、作業する機械部分を動かす「油圧」という動力を使っていましたが、1975年ごろから電気でモーターを回して動くものへと進化していきます。

また、ロボットに指示を出す頭脳部分のプロセッサの性能も進化したことから、よりコンパクトで低価格、高性能なものになっていきました。

## 工場以外でも使われはじめるロボット

ロボットは、そのかつやくの場を広げていきます。人の行くことができない深海や宇宙、原子力発電所の内部などの場所をはじめ、建設現場、福祉施設などでの仕事を、人にかわっておこなえるようになりました。

このうち海洋ロボットの分野は、1980年ごろから開発がさかんになりました。海底ケーブルの点検や、海中の生物・資源などを調査するロボットが登場して、以前はくわしくわからなかった深海の様子が、少しずつわかるようになってきました。

## ● 人や動物の形のロボットが登場 ●

ロボットが身近なものになっていき、いっしょに働いたり、楽しませてくれたりするものが次つぎに登場します。1999年には、犬を参考にデザインした四足歩行ロボット「AIBO」が発売、2000年には世界初の二足歩行ロボット「ASIMO」が発表されました。

「ASIMO」は当時の技術では難しいとされていた二足歩行を、はじめて実現させたロボットです。家や会社で活動することを考えてつくられており、体のバランスを取ってなめらかに歩き、階段をおりることもできます。

「ASIMO」は足の位置を調節して、階段をおりることもできる。(写真:本田技研工業)

2000　2010

平成時代

**1996年**
世界初の人型二足歩行ロボット「P2」が発表される。さらに改良を重ね、2000年に「ASIMO」が登場する

**1999年**
動物型のロボット「AIBO」が商品化される

**2005年**
アメリカで、けわしい地形も走ることができる四足歩行ロボット「ビッグドッグ」が開発される

**2011年**
福島第一原子力発電所事故で、原子力災害用ロボットが活用される

**2013年**
世界初のロボット治療機器「医療用HAL」が登場

**2015年**
防犯用の飛行ロボット「セコムドローン」が登場

## ● さまざまな分野に広がるロボット ●

工場での作業用からはじまったロボットは、現在ではさまざまな分野で働いています。

人命救助のために働くロボット「ロボキュー」は、無線による操作で災害現場を進み、被害にあった人を機体の中に入れて保護することで、安全な場所に運び出すことができます。人が身につけることで、脳神経系の機能改善・機能再生を促進するサイボーグ型ロボット「医療用HAL」や、警備をおこなう自律型飛行監視ロボット「セコムドローン」など、ロボットの種類も多様化しています。

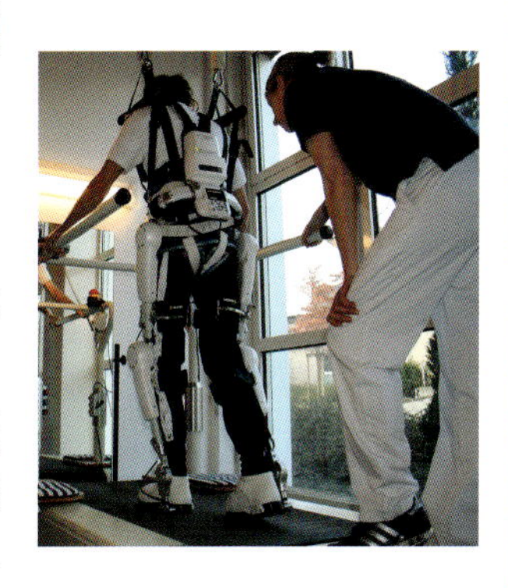

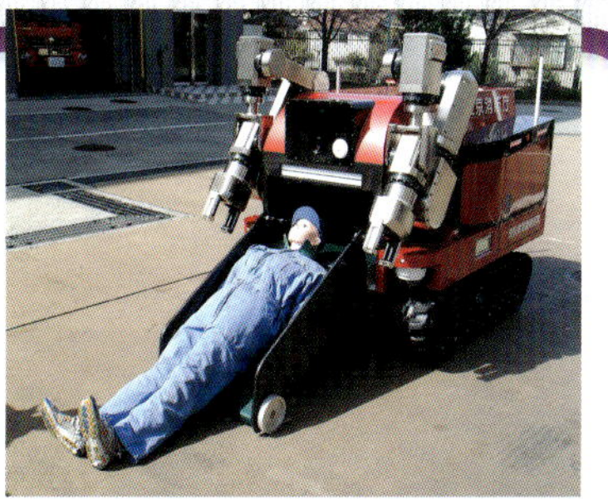

「医療用HAL」(左)、「ロボキュー」(右上)、「セコムドローン」(右下)。

## ほかにもいろいろ！

# ロボットに関する未来技術遺産

## 世界ではじめての「目」のあるロボット

### 人工知能ロボット（ETLロボット Mk1）

この人工知能ロボットは、世界ではじめてセンサーとなるカメラを取りつけたロボットです。それまでのロボットは、人が出した指示通りに動く方式がほとんどでしたが、ロボットにとって「目」となるカメラがあることによって、目の前にあるものを見分けて、その場の状況を判断して作業ができます。

このロボットからはじまった「様子をとらえて」「考えて」「動く」という仕組みは、その後の日本のロボット技術の基本となっていきます。

**DATA**

登録番号／第00104号　製作年／1970年
所 在 地／茨城県つくば市　国立研究開発法人産業技術総合研究所
つくばセンター

## すべての動きを電気でおこなう

### MOTOMAN-L10

それまでの動力であった、液体の圧力で動かす油圧式ではなく、すべての動作を電気で動かすことができるようになったロボットです。人のうでのような関節を持っているため、すばやく、回りこむように作業ができます。

複雑な作業ができるようになり、それまでロボットには難しいとされていた、金属どうしをつなげるアーク溶接をおこなえるようになりました。

**DATA**

登録番号／第00041号　製作年／1977年
所 在 地／福岡県北九州市　安川電機

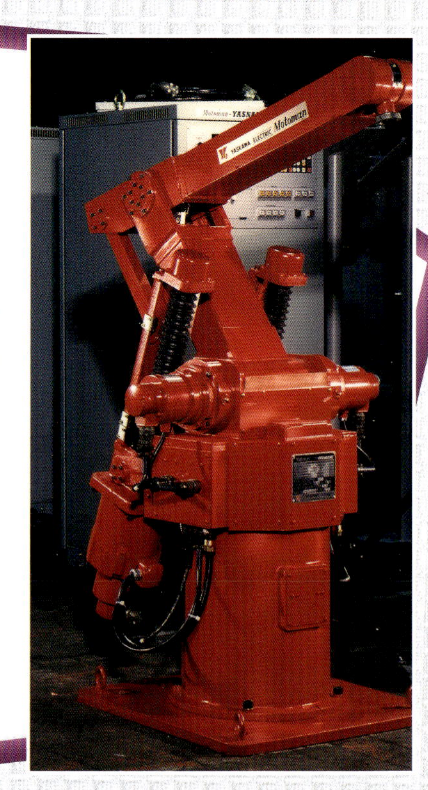

# 生活にロボットがやってきた！

「AIBO」(左) と新型「aibo」(右)。

## エンタテインメントロボット AIBO　ERS-110

「AIBO」は、はじめて家庭用としてつくられた、犬のようなデザインのロボットです。鼻の先についているカメラや、頭とむねのセンサーでまわりの様子を判断しながら動き、人とコミュニケーションすることで学習・成長していきます。

人がいなくても自分だけで遊び、喜びや悲しみ、怒りなどの感情もあらわせます。

2018年には、インターネットにつながって成長していく、新型「aibo」が発売されたよ。

DATA

登録番号／第00185号　製作年／1999年
所在地／東京都港区　ソニー株式会社

# いろいろな動作ができる人型ロボット

## HRP-2 PROMET（プロメテ）

2003年には、人といっしょに働くことを目指したロボット、「HRP-2 PROMET」が登場しました。二足歩行のできる人型ロボットですが、歩くだけではなく、転んだ状態から自分の力で起き上がったり、立っている状態から寝転んだりと、さまざまな動作ができます。

人と協力してものを持って運ぶことや、テーブルのおくにあるものを取るなど、人と共存して働くロボットの原点として、未来技術遺産に登録されました。

DATA

登録番号／第00227号　製作年／2003年
所在地／東京都台東区　カワダロボティクス

# ロボットがもっとわかる！博物館・資料館

日本でかつやくしたロボットや、現在使われているロボットについて、くわしく知ることのできる施設を紹介します。予約制の施設も多いので、先に問いあわせてから見学に行ってみましょう。

##  カワサキワールド

川崎重工業グループの企業ミュージアムです。ヒストリーコーナーには、自動車工場でかつやくした「川崎ユニメート2000型」が展示されているほか、陸・海・空のさまざまな乗りものなどに、じっさいにふれて体験することができます。

住所／〒650-0042
兵庫県神戸市中央区波止場町2-2（神戸海洋博物館内）
電話番号／078-327-5401

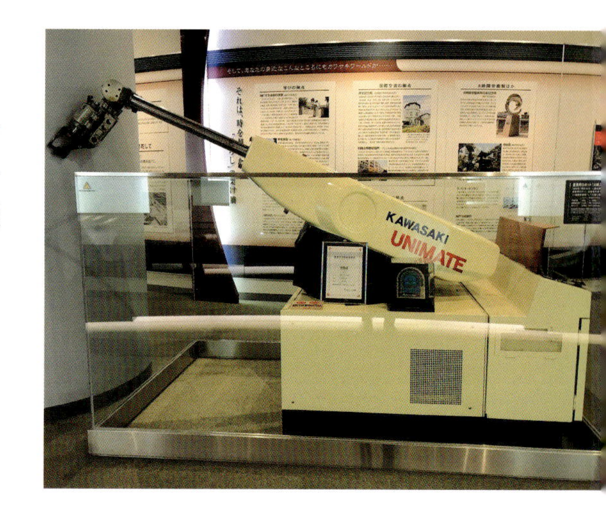


##  ロボット村

産業用ロボットなどを製造しているメーカー、安川電機の見学施設です。未来技術遺産の「MOTOMAN-L10」を展示している「安川電機歴史館」のほか、工場では、ロボットがロボットをつくっている様子も見ることができます。

住所／〒806-0004
福岡県北九州市八幡西区黒崎城石2-1
電話番号／093-645-7705

##  北海道介護ロボット推進協議会 ロボクラス

さまざまなロボットについて学ぶことのできるショールームです。ロボットの最新の情報を知り、くらしに役立つロボットたちを、じっさいに体験できるワークショップをおこなっています。

住所／〒003-0003
北海道札幌市白石区東札幌3条5-3-24
KKS東札幌ビル1F
電話番号／011-811-4160

# さくいん

## ●主な参考文献●

国立科学博物館『技術の系統化調査報告書』「洗濯機技術発展の系統化調査（第16集 2011 大西正幸）」、「石鹸・合成洗剤の技術発展の系統化調査（第9集 2007 中曽根弓夫）」、「飲料自動販売機技術発展の系統化調査（第7集 2007 樋口義弘）」、「国産ロボット技術発達の系統化に関する調査(第3集 2003 社団法人日本ロボット工業会)」、「産業用ロボット技術発展の系統化調査(第4集 2004 楠田喜宏)」、「サービスロボット技術発展の系統化調査（第5集 2005 楠田喜宏）」／『日本のものづくり遺産』『日本のものづくり遺産Ⅱ』（独立行政法人国立科学博物館産業技術史資料情報センター/監修、山川出版社）／『くらべる100年「もの」がたり』（新田太郎/監修、学研教育出版）／『子どもが知りたい いろんなモノのしくみがわかる本』（科学プロダクション コスモピア/著、メイツ出版）／『最新 モノの事典 身近なモノのしくみと歴史』（最新モノの事典編集委員会/編著、鈴木出版）／『最新版 もののしくみ大図鑑』（村上雅人/監修、世界文化社）／『自動販売機 世界に誇る普及と技術』（黒崎貴/著、日本食糧新聞社）／『自動販売機の文化史』（鷲巣力/著、集英社）／『調べよう グラフでみる日本の産業 これまでとこれから』(板倉聖宣/監修、小峰書店)／『透視絵図鑑 なかみのしくみ』(こどもくらぶ/編、六耀社)／『日本の生活100年の記録』（佐藤能丸、滝澤民夫/監修、ポプラ社）／『ポプラディア情報館 日本の工業』（三澤一文/監修、ポプラ社）／『ポプラディア情報館 昔のくらし』（田中力/監修、ポプラ社）／『昔の道具 うつりかわり事典』（三浦基弘/監修、小峰書店）／『ロボットもの知り百科』（吉田典之/著、電波新聞社）
その他、各種文献・資料および関連インターネットサイト

## ●写真提供・協力●

独立行政法人国立科学博物館　東芝未来科学館　昭和日常博物館　パナソニック株式会社　ホシザキ株式会社　一般社団法人日本自動販売システム機械工業会　郵政博物館　兵庫県立歴史博物館　日本コカ・コーラ株式会社　サンデンファシリティ株式会社　二戸市情報管理室　川崎重工業株式会社　三井不動産株式会社　千葉工業大学未来ロボット技術研究センター　国立研究開発法人産業技術総合研究所　松尾宏　大阪市立科学館　海洋研究開発機構　本田技研工業株式会社　東京消防庁　筑波大学サイバニクス研究センター　CYBERDYNE株式会社　セコム株式会社　ソニー株式会社　株式会社安川電機　一般財団法人北海道介護ロボット推進協議会

**くらしを変えた日本の技術**
未来技術遺産でわかる工業の歩み
**①人のために働く機械**

2018年12月25日　初版第1刷発行

監修　独立行政法人 国立科学博物館 産業技術史資料情報センター
（担当/亀井修）

執筆協力　菅祐美子、植松まり
装丁・本文デザイン　チャダル108
イラスト　イシヤマアズサ、たむらかずみ、小坂タイチ
校正・校閲　ペーパーハウス
編集　株式会社アルバ

発行人　志村直人
発行所　株式会社くもん出版
〒108-8617 東京都港区高輪4-10-18 京急第1ビル 13F
電話 03-6836-0301(代表)
03-6836-0317 (編集部)
03-6836-0305 (営業部)
ホームページ http://kumonshuppan.com/
印刷所　大日本印刷株式会社

NDC502・くもん出版・48ページ・28cm・2018年

ISBN978-4-7743-2805-8



CD56205